LAVENDEL

·JOANNA SHEEN·

FLECHSIG

EIN DORLING KINDERSLEY BUCH
ORIGINALUCH:
THE LITTLE SCENTEDE LIBRARY: LAVENDER
ÜBERSETZUNG:
FRITZ UND HEINRICH KOOP

DRUCK UND VERARBEITUNG:
OFFIZIN ANDERSEN NEXÖ, LEIPZIG
PRINTED IN GERMANY

ISBN 3-88189-531-0

INHALT

EINFÜHRUNG

Der Anblick eines wogenden Lavendelfeldes bereitet mir immer wieder Freude, und neben dem intensiven Aroma von alten Rosen, Geißblatt und frischgemähtem Gras versetzt mich sein süßer Duft augenblicklich zurück in die unbeschwerten, langen Sommertage meiner Kindheit.

Lavendel erfreut sich schon seit langer Zeit großer Beliebtheit. Bereits Königin Elisabeth I. und Königin Viktoria schätzten die Verwendung der Pflanze in Parfüm und Konfitüren, und zur Feier der Mittsommernacht warf man nach alter Tradition Lavendelbündel auf die rituellen Freudenfeuer. Der Lavendel zählt auch zu den wichtigen Heilkräutern, und in der Aromatherapie wird er noch heute zur Behandlung von Kopfschmerzen und nervösen Spannungen verwendet.

Getrocknete Lavendelblüten sind ein unverzichtbarer Bestandteil zahlreicher Potpourri-Rezepte, und sie dienen häufig als Füllung für Duftbeutel, -säckchen und Kräuterkissen. Darüber hinaus kann Lavendel auch in der Küche von großem Nutzen sein. Frischer Lavendel verleiht durch seine zarte Farbe und seinen herrlichen Duft jedem Blumenarrangement mehr Lebendigkeit, und aus Lavendelöl lassen sich Feuchtigkeitslotionen, Gesichtswasser, Cremes, Parfüms und Badeöle herstellen.

Dieses kleine Buch gibt Ihnen zahlreiche Anregungen, wie Sie die Schönheit und den betörenden Duft des Lavendels das ganze Jahr über genießen können.

LAVENDELDUFT

Lavendelöl ist ein ätherisches Öl, das in der Aromatherapie häufig als Massageöl zur Behandlung von nervösen Spannungen und Schmerzen dient. Zu diesem Zweck mischt man sechs Tropfen ätherisches Öl mit 50 g eines Pflanzenöls – der sogenannten Trägersubstanz. Diese Substanz könnte beispielsweise Distel-, Sojabohnen-, Sesam- oder Sonnenblumenöl sein. Neben Lavendel werden in der Aromatherapie auch häufig Zitronen- und Rosmarinöl sowie andere ätherische Öle verwendet.

LAVENDELÖL
Lavendelöl wird aus den Blüten des Lavendels gewonnen. Zur Verwendung als Massageöl vermischt man das reine Lavendelöl mit einem Trägeröl.

Beruhigungs- und Entspannungsmittel

Bei Nervosität und Verspannungen wirkt ein heißes Bad mit ein paar Tropfen reinem Lavendelöl und Vetivergrasöl oder eine sanfte Massage der Magengegend mit einer Mischung aus Lavendel- und einem Trägeröl beruhigend. Von langem Gehen oder Stehen schmerzende Füße erholen sich wieder in einem Fußbad mit einigen Tropfen Lavendel- und Wacholderöl. Bei Sonnenbrand bringt ein kühles Bad mit jeweils 20 Tropfen Lavendel- und Kamillenöl rasche Linderung.

Heilmittel

Kopfschmerzen verschwinden, wenn man Stirn und Schläfen sanft mit einer Mischung aus 12 Tropfen Lavendelöl und 100 g Trägeröl massiert. Bei nervösen Störungen helfen 100 g Trägeröl mit je 6 Tropfen Zypressen- und Lavendelöl: Verreiben Sie das Öl gegen den Uhrzeigersinn im Magenbereich. Auch bei Insektenstichen wirkt ein Tropfen Lavendelöl beruhigend und verhindert Entzündungen.

IDEEN UND ANREGUNGEN

Mit Lavendel lassen sich Haus und Wohnung auf vielfältige und aromatische Weise dekorieren. Ein schlichter Korb oder Topf mit dicken Bündeln von frischem Lavendel stellt ein einfaches, aber sehr wirkungsvolles Arrangement für den Flur oder das Wohnzimmer dar. Nicht ganz so auffällig, jedoch keineswegs weniger hübsch wirken kleine Sträußchen aus Lavendelzweigen und anderen kleinen, duftenden Blumen.

Sie können sich den sommerlichen Wohlgeruch des Lavendels auch im Winter erhalten, indem Sie die Blüten zum Trocknen aufhängen und später damit kleine Duftbeutel und Kräuterkissen füllen.

Korbarrangement

Füllen Sie einen Korb mit einem Block Steckmasse, in den Sie so viele Lavendelbüschel stecken, bis der Eindruck von üppiger Fülle erreicht ist. Zum Schluß verzieren Sie das Gesteck mit mehreren Schleifen – ein außergewöhnlicher Blickfang.

GESTECKE AUS FRISCHEN BLUMEN

Lavendel eignet sich hervorragend zur Gestaltung von Schnittblumenarrangements in allen Größen und Formen, da diese Pflanze zu vielen anderen Blumen und Blüten paßt. Allerdings kommt der Lavendel in einem Gesteck aus schlichten Bauerngartenblumen am besten zur Geltung. So ließe sich beispielsweise mit verschiedenen Kräuterpflanzen und aromatisch duftenden Blüten ein zarter und ländlich wirkender Strauß gestalten oder aus Lavendelzweigen und alten Rosen eine elegante Komposition entwerfen. Außerdem verschönert der Duft der Lavendelblüten jedes Gesteck. Falls Sie Lavendel in einem großen Arrangement verwenden möchten, sollten Sie mehrere Zweige jeweils bündelweise andrahten. Dadurch wirkt der Lavendel kompakter.

Lavendel & Rosen

Dieses bezaubernde Tischgesteck besteht aus zahlreichen rosa- und malvenfarbigen Rosen, Freesien und Lavendelzweigen, in deren Mitte sich zwei Duftkerzen befinden, die mit Flieder aromatisiert wurden. Befestigen Sie einen Block Steckmasse auf einer Korkunterlage. Dann stellen Sie die Kerzen in die Kerzenständer und drücken sie fest in die Steckmasse. Mit verschiedenen Blättern gestalten Sie nun die Grundform des Arrangements und füllen das Gesteck mit Rosen und Freesien. Zum Schluß befestigen Sie die Lavendelzweige zwischen den Blüten. Ein zart duftendes Tischgesteck bereichert jede Tischdekoration; verzichten Sie jedoch auf allzu starke Aromen, da diese sonst den Duft der Speisen überlagern würden.

ROMANTISCHE STRÄUSSCHEN

Seine herrlichen Farben und sein würziger Duft machen den Lavendel auch zum idealen Bestandteil eines romantischen Sträußchens. Diese Sträußchen werden traditionell aus duftenden Blumen gebunden und eignen sich hervorragend als kleines Mitbringsel. Kombinieren Sie mehrere Zweige Lavendel mit anderen duftenden Blüten wie Rosen, Freesien oder Gartenwicken oder mit aromatischen Kräutern. Zum Schluß versehen Sie das Sträußchen mit einem hübschen Band.

SCHLICHTES ROSENSTRÄUSSCHE[N] *Ein Kranz aus Lavend[el] und weißem Schleierkraut umgibt diese zar[t] rosafarbene Rose.*

Sommerliches Bukett

Ein dicht gebundenes Rosensträußchen bildet die Mitte dieses Buketts aus Lavendel, Schleierkraut und Freesien, das von duftenden Salbeiblättern und Wiesenfrauenmantel eingefaßt wird.

TROCKENBLUMEN-ARRANGEMENTS

Da sich Lavendel problemlos trocknen läßt und dabei seinen herrlichen Duft behält, eignet sich diese Pflanze hervorragend für Trockenblumenarrangements. Trocknen Sie die Lavendelzweige, indem Sie sie einfach eine Woche mit den Blüten nach unten an einem warmen, trockenen Ort aufhängen. Mehrere Bündel getrockneter Lavendel in einem rustikalen Gefäß ergeben ein interessantes und leicht anzufertigendes Gesteck.

SCHLICHT & SCHÖN
Das Geheimnis dieses Blumenarrangements liegt in seiner Schlichtheit: mehrere getrocknete, pfirsichfarbene Rosen in einem kleinen Glasgefäß sind umgeben von Lavendel und Silberknöpfchen.

BLUMEN IN EINER TEESCHALE
Diese hübsche Teeschale (oben) bildet einen schönen Rahmen für ein Arrangement aus getrocknetem Lavendel, kleinen roten Nelken und Silberknöpfchen.

Lavendelkorb

Ein einfaches, aber üppiges Gesteck aus herrlich violetten Lavendelzweigen paßt hervorragend zu einem rustikalen Weidenkorb. Die cremefarbenen Schleifen setzen einen zusätzlichen Akzent und runden das Ganze harmonisch ab.

BIEDERMEIER-STRÄUSSCHEN

ROSENSTRÄUSSCHEN FÜR KINDER
aus Lavendel, Sterndolde und Rosen.

Kleine Sträußchen aus frischen oder getrockneten Blumen – sogenannte Biedermeiersträußchen – dienen als Zeichen der Zuneigung oder des Dankes und sind ein zu jeder Gelegenheit passendes hübsches Geschenk.

FESTLICHES BUKETT
Satinschleifen runden dieses Sträußchen aus duftenden Blüten stilvoll ab.

ZARTES FARBSCHEMA
In diesem Sträußchen übernimmt der Lavendel eine herausragende Rolle.

LAVENDEL IM NETZ
Ein feiner Netzbeutel mit duftendem, getrocknetem Lavendel bildet die Mitte dieses hübschen Biedermeiersträußchens, das aus Bartnelken und goldenen Gartennelken besteht.

LAVENDELSTÄBE

Lavendelstäbe bestehen aus getrockneten Lavendelzweigen, die mit einem Band umwoben sind. Mit ein wenig Geduld, Sorgfalt und geschickten Händen lassen sie sich leicht anfertigen. Am besten pflücken Sie den Lavendel zu Beginn der Blütezeit, wenn die Blüten den größten Anteil an ätherischen Ölen aufweisen. Schneiden Sie die Lavendelblüten möglichst weit unten ab, denn Sie benötigen lange Stiele. Für jeden Lavendelstab brauchen Sie 11 oder 13 Stengel.

HERSTELLUNG

1 Schneiden Sie die Lavendelstengel gleichmäßig ab und binden Sie sie mit einem langen Band direkt unterhalb der Blütenköpfe zusammen.

2 Dann klappen Sie die Stengel vorsichtig nach hinten und biegen sie über die Blüten, so daß eine Art Käfig entsteht. Falls ein Stengel abbricht, fangen Sie nochmal von vorne an.

3 *Jetzt befestigen Sie eine kleine Sicherheitsnadel am Ende des Bandes und flechten es unter und über die Stengel, wobei Sie oben beginnen und sich nach unten bis kurz unterhalb der Blütenköpfe vorarbeiten.*

4 *Anschließend wickeln Sie das Band um die Stengel, binden eine hübsche Schleife und schneiden die Stengel noch einmal gleichmäßig ab.*

LAVENDELSTAB

Lassen Sie die fertigen Lavendelstäbe an einem warmen, dunklen Ort gut trocknen. Danach legen Sie sie auf Ihre Frisierkommode oder geben sie in eine Schublade, wo sie ihren herrlichen Duft entfalten können.

LAVENDEL FÜR IHRE WÄSCHE

Lavendel läßt Ihre Wäsche herrlich frisch und aromatisch duften. Seit Jahrhunderten erfreuen wir uns am zartenLavendelduft parfümierter Bett- und Tischwäsche, und die hübschen Lavendelstäbe bieten uns die Möglichkeit, Schubladen und Wäscheschränke mit diesem Duft zu erfüllen. Sie können die Lavendelstäbe auch zur Mottenabwehr zwischen Ihre Wollsachen legen.

LAVENDELSTÄBE
Legen Sie die Lavendelstäbe doch einmal in eine Schublade mit Taschentüchern oder in Ihren Wäscheschrank.

DUFTENDE SERVIETTEN

Verwahren Sie Ihre Stoffservietten zusammen mit einem Lavendelstab in einem Serviettenring. Die Servietten erhalten dadurch einen wunderbar frischen Duft.

Potpourris

Die Herstellung einer eigenen Potpourrimischung lohnt sich nicht nur, sie bereitet auch sehr viel Freude, da die meisten Potpourris leicht anzufertigen sind. Potpourrirezepte enthalten die unterschiedlichsten Blumen und Blüten, doch Lavendel zählt zu den beliebtesten Zutaten.

Lavendel-Potpourri
Lavendelblüten und -stengel, kombiniert mit Blättern der Gartenraute, dazu 6 Tropfen Lavendelöl und kleine Muscheln als Verzierung.

LAVENDEL-ROSEN-POTPOURRI
Mischen Sie 1 Liter getrocknete Rosen und Silberknöpfchen mit 50 g Lavendel, 25 g Veilchenwurzelpulver, 3 Tropfen Lavendelöl und 2 Tropfen Rosenöl.

EXOTISCHE POTPOURRIS

Dank der vielen verschiedenen ätherischen Öle, die heutzutage erhältlich sind, können Sie die exotischsten Potpourris anfertigen: Geben Sie einfach ein paar Tropfen Patschuli- und Ylang-Ylang-Öl in Ihre Mischung, oder verwenden Sie verschiedene duftende Holzsorten wie Sandel- und Zedernholz. Die unten beschriebene Potpourrimischung erhielt ihren würzigen Duft durch die Beigabe von Zimt, Nelken, Muskat, Lavendel und Orangenöl.

WÜRZIG
Kornblumen und Lavendel, dazu Zitrusschale und ätherische Öle.

Romantisches Rosenpotpourri

Mischen Sie 1 Liter dunkle Rosenblütenblätter und Lavendelblüten, und geben Sie je 2 Tropfen Rosen- und Zimtöl sowie 25 g Veilchenwurzelpulver dazu.

Duftende Holzschachtel

Dieses ungewöhnliche Potpourri entstand aus einer Holzschachtel, die mit aromatischen Lorbeerblättern, Sternanis, Zimtstangen und Lavendel gefüllt wurde. Mit einigen Tropfen des jeweiligen ätherischen Öls können Sie die unterschiedlichen Düfte verstärken.

DUFTSÄCKCHEN

Der frische Duft von Lavendel wurde schon immer gerne zum Parfümieren der Wäsche verwendet. Heute können Sie hübsche, kleine Beutel und Säckchen mit Lavendel oder anderen Kräutern zwischen Ihre Wäsche legen oder sie mit einem Band an Heizkörpern oder Schubladengriffen aufhängen, so daß der liebliche Lavendelduft den ganzen Raum erfüllt.

HERSTELLUNG

1 Zuerst schneiden Sie aus Stoff ein etwa 20 x 15 cm großes Rechteck aus. Außerdem benötigen Sie etwa 20 cm Spitzenband .

2 Dann schlagen Sie eine Längsseite des Stoffs zu einem kleinen Saum um und nähen das Spitzenband daran fest. Anschließend falten Sie das Stoffstück zur Hälfte und nähen es von links an der unteren und an der Längsseite zusammen. Wenden Sie den Stoff, und füllen Sie ihn zu zwei Dritteln mit Lavendel. Nun schließen Sie das Säckchen mit einer Satinschleife.

DUFTSÄCKCHEN IN PASSENDEN FARBEN

Duftende Säckchen aus farblich aufeinander abgestimmten Stoffen sind besonders reizvoll. Wenn Sie die Beutel mit einer kleinen Schlaufe versehen, können Sie sie an einen Heizkörper oder einen Kleiderbügel hängen oder sie einfach in eine Schublade legen.

DUFTKISSEN

Auch wenn sie nicht immer schlafördernd wirken, verströmen Kräuterkissen doch einen herrlich entspannenden Duft, den man zu jeder Tageszeit genießen kann. Versehen Sie Ihre Kissen mit einem Futter, und füllen Sie dieses mit getrocknetem Lavendel oder mit einer Mischung aus Lavendel und anderen Kräutern.

FÜR DIE SCHUBLADEN
Legen Sie diese kleinen Duftsäckchen in Ihre Schubladen, und sorgen Sie so für angenehm frischen Lavendelduft.

HÜBSCH & PRAKTISCH
Cremefarbene Rüschen und winzige Schleifchen zieren dieses hübsche Lavendelkissen, dessen Füllung in einem separaten Beutel an der Innenseite des Kissens leicht befestigt wurde, so daß man die Hülle problemlos waschen kann. Falls der Duft des Lavendels im Laufe der Zeit nachläßt, klopfen Sie ein paarmal vorsichtig auf den Lavendelbeutel oder geben einige Tropfen ätherisches Öl dazu.

LAVENDELKISSEN
Der Stoff dieses Kissens (gegenüber) paßt sehr schön zur Lavendelfüllung.

BADEBEUTEL

Mit verschiedenen Potpourris und speziellen Badebeuteln können Sie auch im Badezimmer den beruhigenden Duft von Lavendel genießen. Die Badebeutel sind schnell angefertigt und lassen sich mehrmals verwenden. Schneiden Sie aus Musselin ein etwa 17 x 17 cm großes Quadrat, in dessen Mitte Sie die Lavendelblüten geben. Dann fassen Sie die Enden zusammen, verschließen den Beutel mit einem Band und hängen ihn an den Heißwasserhahn Ihrer Wanne.

ENTSPANNENDE BADEBEUTEL
Hängen Sie einen Badebeutel an den Wasserhahn Ihrer Wanne, und genießen Sie den beruhigenden Duft des durchströmenden Badewassers.

STRANDPOTPOURRI
Eine Potpourrimischung aus Lavendel, rosafarbenen Rosenknospen und winzigen Muscheln kommt in diesem hübschen Glasgefäß sehr schön zur Geltung. Wenn Sie hin und wieder den Deckel abheben, durchdringt der zarte Blütenduft des Potpourris den Raum.

BADEÖL UND LAVENDELWASSER

Aus kräftig duftenden Lavendelblüten lassen sich wundervolle Duftwässer und Essenzen anfertigen, die als Geschenk immer willkommen sind. Wählen Sie die Karaffe oder das Gefäß dafür mit besonderer Sorgfalt aus – in Antiquitätengeschäften und auf Trödelmärkten findet man manchmal wahre Kleinode. Mit Lebensmittelfarbe können Sie die Farbe Ihres Duftwassers noch ein wenig intensivieren.

LAVENDELESSENZ
Verrühren Sie 250 ml Lavendelblüten mit 60 ml Äthylalkohol, und lassen Sie die Mischung in einem gut verschließbaren Gefäß (ganz links) sechs Tage ziehen. Schütteln Sie die Mischung täglich. Anschließend durchsieben.

LAVENDELWASSER
Mischen Sie 7 Tropfen Lavendelöl mit 500 ml destilliertem Wasser (links).

Lavendellotion

Diese Emulsion duftet einfach himmlisch und macht Ihre Haut wunderbar zart. Mischen Sie je 3 Eßlöffel Gummiarabikum und Mandelöl sowie 15 bis 20 Tropfen Lavendelöl in einem Mixer. Während Sie die Zutaten auf höchster Stufe mixen, gießen Sie vorsichtig 300 ml destilliertes Wasser dazu, bis eine cremige Emulsion entsteht. Füllen Sie diese Feuchtigkeitslotion in ein hübsches Gefäß, und verwahren Sie sie im Kühlschrank.

Lavendel-Rosen-Wasser

Gießen Sie 200 ml Rosenwasser in eine Flasche (links); dann geben Sie 3 Tropfen Lavendelöl und 3 frische Rosmarinzweige hinzu und verschließen sie. Lassen Sie die Zutaten an einem warmen Ort mehrere Wochen ziehen. Anschließend filtern Sie die Flüssigkeit und füllen sie in einen hübschen Flakon.

Badeöl

Mischen Sie 125 ml Mandelöl und 5 Eßlöffel Lavendelöl, und lassen Sie das Badeöl in einem geschlossenen Gefäß (rechts) zwei Wochen ziehen.

DUFTSEIFEN

Die meisten Seifen besitzen einen angenehmen Eigenduft, aber Sie können auch einfache unparfümierte Seifen mit einem frischen Lavendelduft versehen. Legen Sie die Seifenstücke eine oder zwei Wochen in ein Gefäß mit Lavendelpotpourri. Auf diese Weise können kleine Gästeseifen ebenso dekorativ präsentiert werden.

SEIFENSTÜCKE IN EINEM KÖRBCHEN

Dieses Körbchen, garniert mit Rosenblüten, eignet sich hervorragend zur Präsentation der Lavendelseifen, die in einem Bett aus Lavendelblüten liegen.

POTPOURRINEST

In dem Nest aus herrlich duftenden Eukalyptusblättern, Päonienblüten und Lavendelpotpourri verbirgt sich ein Stück rosafarbene Gästeseife.

ROMANTISCHE GLASGEFÄSSE FÜR DAS BADEZIMMER

Dekorative Glasbehälter eignen sich wegen ihrer Transparenz besonders gut zur Präsentation von Potpourris und Gästeseifen. Sie können aber auch ein rustikales Weidenkörbchen mit einem spitzenbesetzten Taschentuch auslegen, das Potpourri hineinfüllen und mit einigen besonders schönen Blütenblättern bedecken, so daß Ihr Gefäß nicht nur wundervoll duftet, sondern gleichzeitig attraktiv aussieht.

EIN HAUCH VON LAVENDEL

Obwohl Lavendel hauptsächlich zur Herstellung von Parfüm angebaut wird, kann man auch süße und herzhafte Speisen mit seinem köstlichen, schwer faßbaren Aroma verfeinern. Geben Sie einmal ein oder zwei Lavendelzweige zu einem Schmorgericht, und nehmen Sie sie erst kurz vor dem Servieren wieder heraus. Ein frischer Lavendelzweig verleiht einem Lammbraten ein ganz spezifisches Aroma. Dagegen paßt Apfelgelee mit Lavendel hervorragend zu Schweinefleisch, während Lavendelsenf ein Rind- oder Kalbfleischgericht köstlich abrundet.

Auch süßen Gerichten verleiht Lavendel einen besonderen Beigeschmack. Geben Sie einige Blüten zur Eiscreme und zum Sorbet, oder verfeinern Sie einen frischen Obstsalat damit. Eine unübertroffen köstliche Süßspeise bereiten Sie aus Äpfeln, die zusammen mit ein paar Lavendelblüten geschmort und anschließend mit Schlagsahne serviert werden.

LAVENDELHONIG
Erwärmen Sie 225 g Honig und 150 ml Lavendel unter leichter Hitzezufuhr etwa 10 Minuten. Anschließend durch ein Sieb geben.

LAVENDEL-SENF
Mischen Sie 1 Teil getrocknete Lavendelblüten mit 10 Teilen englischem Senf.

getrockneter Lavendel

Lavendelöl

Geben Sie zwei oder drei frische Lavendelzweige in eine Flasche Olivenöl aus erster Pressung, und lassen Sie das Öl zwei Wochen in der Sonne reifen. Mit diesem Öl verfeinerte Salate erhalten ein angenehm frisches Aroma.

Lavendelessig

Geben Sie mehrere Zweige frischen Lavendel in eine Flasche Weißwein- oder Apfelessig. Dann verschließen Sie die Flasche und lassen den Essig an einem warmen, sonnigen Ort zwei oder drei Wochen ziehen. Dieser Lavendelessig verleiht Würzsaucen oder Salatdressings ein pikantes Aroma.

LAVENDELTEE UND -GEBÄCK

Seit langer Zeit gilt Lavendeltee als gutes Heilmittel gegen Kopfschmerzen, die durch nervöse Spannungen verursacht werden. Schon Königin Elisabeth I. hielt stets ein paar Lavendelzweige zur Bereitung von Tee oder für andere medizinische Zwecke vorrätig. Dagegen zählt Lavendel in Backteig eher zu den ungewöhnlichen Zutaten, obwohl er dem Teig einen köstlichen Geschmack verleihen kann. Die Lavendelblüten passen zwar zu den meisten Kuchenrezepten, können aber in einem schlichten Mürbeteig ihren Geschmack am besten entfalten. Servieren Sie einmal Weizenbrot oder Teekuchen mit Lavendelgelee zum Tee, oder bereiten Sie aus Lavendel und Rosmarin oder Äpfeln mit Lavendel einen schmackhaften Brotaufstrich. Hier hängt die benötigte Menge Lavendelblüten ganz von Ihrem persönlichen Geschmack ab.

LAVENDELTEE
Lassen Sie einen Eßlöffel getrocknete Lavendelblüten etwa drei bis fünf Minuten in kochendem Wasser ziehen; servieren Sie den Tee mit Honig oder Zitrone.

LAVENDELPLÄTZCHEN

Schlagen Sie 125 g Butter mit 100 g Zucker schaumig, und geben Sie 1 geschlagenes Ei hinzu. Nun mischen Sie 1 Eßlöffel getrocknete Lavendelblüten und 150 g Weizenmehl sowie 1 gestrichenen Teelöffel Backpulver unter die Eimischung. Setzen Sie den Teig in kleinen Häufchen auf ein gefettetes Backblech, und backen Sie die Plätzchen bei 170° C etwa 15 bis 20 Minuten.

REGISTER

Danksagung

Die Autorin möchte sich bei den folgenden Personen für ihre Hilfe bedanken: DAVID CHRISTIE, Jersey Lavender Farm, St. Brelade, Jersey, Channel Islands, für seine freundliche Unterstützung und den frischen Lavendel; MANDY HOLMES und DIANA HATHERLY für ihre Koch- und Nähkünste.

Dank gilt auch PATRICIA DEWHURST für ihre freundliche Unterstützung bei der Bildausstattung, STEVE DOBSON für seine Beratung bei den Photoaufnahmen sowie DOROTHY TUCKER für die Randillustrationen.